AF300396

DE

L'INVENTION ET DE L'EMPLOI

DE

L'HYBOMÈTRE.

IMPRIMERIE

DE F. D'OLINCOURT, RUE ROUSSEAU, N.° 19,

A BAR-LE-DUC.

DE

L'INVENTION ET DE L'EMPLOI

DE

L'HYBOMÈTRE;

Instrument destiné à faire connaître les divers changemens que le corps éprouve

PAR SUITE D'UNE INCURVATION

DU RACHIS,

Et au moyen duquel on peut obtenir la périphérie du corps à toutes les hauteurs, et les diverses mesures utiles pour faciliter le traitement

DES DIFFORMITÉS DE LA TAILLE;

Par M. **HUMBERT,** *Père,*

Médecin-Orthopédiste,

FONDATEUR ET DIRECTEUR DE L'ÉTABLISSEMENT ORTHOPÉDIQUE
DE MORLEY,

MEMBRE DE LA SOCIÉTÉ D'ENCOURAGEMENT POUR L'INDUSTRIE NATIONALE,
DE LA SOCIÉTÉ POLYTECHNIQUE, DE CELLE DE GRENOBLE, ETC.

(TEXTE.)

A L'ÉTABLISSEMENT ORTHOPÉDIQUE DE MORLEY,
PAR LIGNY (*MEUSE*),
CHEZ MM. HUMBERT, PÈRE ET FILS ;

A BAR-LE-DUC,
CHEZ F. GIGAULT D'OLINCOURT, IMPRIMEUR-LIBRAIRE,
RUE ROUSSEAU, N.° 19.

1834.

HYBOMÈTRE. [1]

L'Orthopédie peut être considérée comme une science nouvelle; elle s'étend chaque jour et les progrès dont elle est encore susceptible ne peuvent être que difficilement appréciés; on ne doit donc nullement être étonné de ne trouver que des faits épars dans les auteurs anciens et modernes qui s'en sont occupés : ils peuvent à peine servir à éclairer quelques points de la science dont il s'agit; le résultat des expériences de tous ceux qui se livrent en particulier à cette partie de la médecine doit donc être accueilli avec soin; il faut réunir les matériaux et les soumettre à un profond examen. C'est par ce concours où chaque orthopédiste aura une part d'honneur déterminée par l'étendue de ses travaux et ses succès, qu'on parviendra à donner des bases solides à cette science nouvelle; nos successeurs ajouteront à ces premières données le fruit de leurs travaux, et l'orthopédie, chaque jour enrichie de savantes recherches et de procédés nouveaux, sera l'un des

(1) Ces extraits sont tirés de l'ouvrage complet intitulé *De l'emploi des moyens mécaniques et gymnastiques dans le traitement des difformités du système osseux*, par MM. Humbert, père et fils.

bienfaits dus à notre époque. Jaloux de contribuer de tous nos moyens à amener ce résultat utile à l'humanité, nous avons cherché à composer des instrumens au moyen desquels on put prendre d'une manière invariable les diverses mesures qu'il est utile d'avoir pour déterminer le traitement à suivre dans les divers cas qui peuvent être soumis à un orthopédiste.

Ces instrumens sont l'hybomètre et le cruro-pelvi-mètre; ce dernier a été décrit avec soin dans notre ouvrage intitulé *Essai et observations sur les moyens de réduire les luxations de l'articulation coxo fémorale, spontanées, accidentelles et même congéniales* : il ne nous reste donc à décrire que l'instrument appelé hybomètre, mais nous croyons devoir indiquer d'abord les motifs qui déterminèrent sa découverte.

Par l'examen d'une personne bien organisée on remarque que si elle incline latéralement son corps soit à droite, soit à gauche, le membre thorachique du côté incliné se rapproche du sol, tandis que l'autre s'en éloigne; on observe encore qu'une simple courbure de la colonne présente le même phénomène et que lorsqu'il en existe deux égales dans leurs proportions mais en sens contraire, les membres thorachiques se trouvent à la même distance du sol. De là nous avons eu l'idée de mesurer la distance du plan horizontal passant par la plante des pieds à l'extrêmité inférieure du grand doigt de chaque main, afin de déterminer, par la différence des deux mesures, de combien la colonne se trouve courbée.

Deux plans horizontaux et mobiles s'élevant et s'abaissant à volonté remplissent cette première condition. De notre première observation sur la courbure ou l'inclinaison de la colonne, il résulte nécessairement un dérangement dans le plan moyen de devant en arrière, c'est-à-dire qu'il n'y a plus parallélisme entre la partie droite et la partie gauche du corps, il devient dés-lors important de déterminer cette déviation par rapport à la ligne verticale : un fil à plomb antérieur et un autre postérieur, par lesquels passerait la ligne du plan moyen serait nécessairement le point de départ de cette mesure, ce plan existant exáctement entre les deux membres abdominaux qui soutiennent le corps verticalement.

En rendant les fils à plomb mobiles de droite à gauche et de gauche à droite, nous sommes parvenus à mesurer les déviations existant au-dessus des membres abdominaux et à déterminer leur écartement par rapport au point de départ ou plan moyen.

Lorsque ces dérangemens ont déterminé la sail-

lie d'une côte et l'enfoncement d'une autre, il devient indispensable de connaître l'étendue de ces
saillie et enfoncement ; nous y sommes parvenus
au moyen d'un plan horizontal figurant la véri-
table situation des parties en saisissant la périphérie du corps dans tous ces points ; ce moyen
trouvé, nous a fait observer qu'en établissant un
quadrilatère sur les points les plus saillans et les
plus enfoncés nous serions à même de juger la
difformité ; nous avons donc tracé une ligne postérieure, une antérieure, et deux lignes latérales
parallèles entre elles, ce carré a été traversé par
deux diagonales et le point de leur intersection a
déterminé le centre de la figure ; bientôt nous
avons remarqué que ce centre ne correspondait
pas à la ligne moyenne et nous avons pu en établir la différence ; nous avons remarqué que la
saillie postérieure d'un côté répondait à la saillie
antérieure du côté opposé, et qu'il en était de
même des parties creuses ; nous avons encore fait
la remarque que la saillie postérieure avait plus
d'étendue que la saillie antérieure et que cette
disposition avait non—seulement occasionné une
déviation latérale, mais encore une torsion : Par
exemple, la saillie postérieure à droite étant sup-
posée plus forte, elle entraîne la partie antérieure
de la poitrine du même côté en dehors et en ar-

rière, tandis que l'inverse est du côté opposé, mais dans des proportions moins fortes ; les membres thorachiques suivent cette impulsion. Il ne suffisait certainement pas de constater sur un seul point des désordres qui s'étendaient bien ailleurs, il devenait indispensable de pouvoir prendre et rendre une suite de plans horizontaux de haut en bas, nous avons donc déterminé la mobilité de notre mesure horizontale. Mais le temps nécessaire à ces opérations était long, elles étaient minutieuses et fatiguantes, on devait donc les faire en plusieurs séances et il devenait indispensable d'avoir des points fixes pour ne pas commettre d'erreur à chaque reprise de l'opération. Il était également utile d'avoir des points pour replacer la tête et les pieds dans leur première position, et comme l'équilibre était rompu, il fallut en même temps que le support de la tête fut invariable pour sa première position donnée et qu'il pût en même temps être mobilisé dans le même plan que les fils à plomb antérieur et postérieur ; les pieds devaient aussi avoir des points de départ fixes afin d'en retrouver la place à chaque observation.

Nous reconnûmes encore par l'usage qu'il était utile d'ajouter une mesure pour déterminer la longueur totale de la personne, notre premier

instrument est donc incomplet. La colonne vertébrale peut d'ailleurs être déviée en différens sens
et d'après ce que nous avons expliqué, nous ne
pouvons obtenir qu'une suite de plans horizontaux insuffisans pour donner une juste idée des
courbures verticales. Il est indispensable dès-lors
d'ajouter à notre instrument le moyen de mesurer
verticalement les diverses inflexions soit latérales,
soit en avant ou en arrière ; ces perfectionne-
mens sont projetés, l'ébauche de ce deuxième instrument est faite, mais nous ne l'avons pas encore
fait exécuter, désirant d'abord savoir si Messieurs
les membres de la Commission donneront leur
assentiment à la base de tout notre système pour
le traitement orthopédique.

Si nous l'obtenons, nous nous empresserons de
faire exécuter notre deuxième instrument pour
les coupes verticales. Plus tard et par le moyen
de cet instrument nous serons à même de four-
nir des observations nouvelles et sans réplique
qui jetteront un grand jour sur cette science nouvelle dont nous nous occupons.

Nous avouerons sans détour que c'est à la découverte du cruro-pelvi-mètre et de l'hybomètre
que nous devons la perfection des appareils en
usage dans notre établissement pour le traitement
des diverses difformités de la taille, puisque par

leur moyen tout se réduit à un calcul que l'on peut dire mathématique.

Nous allons donner la description générale de notre hybomètre, mais pour en mieux faire comprendre toutes les parties, nous établirons des divisions déterminées par les fonctions de chacune d'elles. Nous commencerons par décrire la charpente de l'instrument qui sert à fixer ou faire mouvoir les nombreuses pièces dont il est composé; cette première partie sera suivie des descriptions :

1.º Des pièces pour le placement des pieds; 2.º du croisillon et du casque pour soutenir la tête en facilitant ses mouvemens de droite à gauche et de gauche à droite; 3.º de la mesure qui sert à déterminer la hauteur des membres thorachiques par rapport à la plante des pieds; 4.º de la mesure horizontale de la périphérie de la poitrine et des membres thorachiques, qui s'élève et s'abaisse à volonté, et 5.º de la mesure qui détermine la hauteur du corps.

Nous donnerons ensuite, pour chaque article, le fonctionnement de ces pièces et ferons un article sur le fonctionnement de l'hybomètre en général, dans lequel nous indiquerons la manière de placer le malade dans l'instrument et les résultats obtenus au moyen des diverses mesures prises.

DESCRIPTION GÉNÉRALE

DE L'HYBOMÈTRE.

Cet instrument est supporté par une plate-forme A, qui en forme la base, elle a trois pieds un pouce en carré sur trois pouces huit lignes de hauteur, laissant inférieurement plusieurs espaces au moyen de l'assemblage de diverses pièces en charpente, afin de lui donner moins de pesanteur, sans en diminuer la solidité.

Cet assemblage est composé d'un plateau a, supporté par un chassis carré b, b, b, b, qui a deux pouces onze lignes d'une face sur deux pouces un quart de l'autre; les pièces sont assemblées à tenons et mortaises.

Aux faces internes des traverses latérales du chassis, près de leurs angles, se trouvent pratiquées des mortaises qui reçoivent les tenons de quatre pièces en bois c c c c. Ces pièces ont trois pouces dix lignes de longueur, sans y comprendre les tenons, sur les mêmes proportions que le chassis en largeur et épaisseur : elles sont réunies aux traverses antérieures et postérieures par rapprochement et colliers.

Le chassis b, b, b, b, est maintenu par deux pièces réunies à queue d'aronde dans les traverses latérales, elles sont donc parallèles aux traverses antérieures et postérieures déjà décrites, et également espacées par deux pièces d, d.

Les angles de réunion du chassis au plateau, ainsi que des traverses de devant en arrière, se trouvent maintenus par des colliers qui augmentent la solidité de l'ensemble.

A deux pouces des bords extérieurs du chassis et à trois pouces de ses sangles dans le sens des diagonales se trouvent inférieurement des trous circulaires 1, 2, 3, 4, de vingt-une lignes de diamètre sur treize lignes de profondeur, destinés à loger les têtes des boulons qui servent à maintenir les quatre piliers de l'instrument.

Le centre de ces trous se trouve percé aux points 5, 6, 7, 8, afin de laisser passer les boulons déjà indiqués qui servent aussi à réunir les traverses au plateau a.

Parallèlement aux traverses antérieures et postérieures on remarque à chaque angle deux mortaises 9 et 10, espacées l'une de l'autre de deux pouces, ayant deux pouces de longueur, cinq lignes de largeur et dix-sept lignes de profondeur ; elles sont destinées à recevoir les tenons inférieurs des piliers que nous allons décrire. On y remarque encore l'orifice supérieure des trous 5, 6, 7 et 8, pour le passage des boulons.

Sur les angles supérieurs de la plate-forme s'élèvent quatre piliers B, C, D, E. Ces piliers ont trois pouces de largeur sur deux pouces neuf lignes d'épaisseur et six pieds un pouce neuf lignes de hauteur, sans y comprendre les tenons qui sont au nombre de deux à chaque extrémité. Les tenons inférieurs sont reçus dans les mortaises 9, 10, du plateau, et les supérieurs dans la corniche du couronnement. Les deux piliers B, C, sont antérieurs et ceux D, E, sont postérieurs. Les centres de leurs extrémités se trouvent percés d'un trou de huit lignes de diamètre, qui permet le passage des boulons d'assemblage. Près de leur réunion au plateau, et sur leurs côtés internes, les bases des piliers se trouvent maintenues par des consoles formant quart de rond qui ajoutent beaucoup à la solidité de l'instrument.

Les deux piliers antérieurs B C sont entaillés dans la partie moyenne de leurs faces internes et supérieurement dans l'étendue de cinq pieds onze lignes par une rainure 21, qui a deux lignes de profondeur sur une ligne de largeur, elle sert de guide à chaque lame en cuivre qui se trouve fixée aux extrêmités de la mesure au moyen de laquelle on prend la hauteur de la personne. A trois pouces et demi des tenons inférieurs des piliers se trouve une mortaise qui reçoit l'écrou du boulon ; elle n'est pas visible, l'instrument étant monté, parce qu'elle est recouverte à chaque angle par la console déjà décrite.

Les faces antérieures des piliers B C et les faces postérieures des piliers DE, dans leurs parties moyennes et dans toute leur hauteur, se trouvent entaillées sur une ligne de profondeur et quatorze lignes de largeur pour recevoir des lames en cuivre qui affleurent les montans.

Ces lames de cuivre k, l, m, n, sont divisées exactement en pouces et lignes dans l'étendue de quatre pieds neuf pouces six lignes, le reste de leur longueur n'étant divisée qu'en pieds et demi pieds. Dans toute la hauteur des divisions faites en pouces et lignes, on remarque de six lignes en six lignes des trous 22, 22, 23, 23, de deux lignes de diamètre qui se prolongent dans l'épaisseur des piliers ; ils sont destinés à recevoir des brochettes dont nous indiquerons bientôt l'usage.

Les piliers B D et C E sont réunis entr'eux et inférieurement par deux traverses F G, à épaulement en quart de rond ; elles ont pour longueur,

sans y comprendre les tenons, l'espace compris
entre les piliers, leur hauteur est de quatre pouces et leur épaisseur de vingt et une lignes.

L'assemblage supérieur est formé d'avant en
arrière par des frises HI dont les bords inférieurs
sont entaillés en forme de cintrés; ils sont au nombre de deux et se terminent par trois pendentifs
O, P, Q, R, S, T, dont deux, qui forment une demi-
sphère, sont appliqués aux piliers et le troisième,
qui occupe la partie moyenne, a la forme d'une
sphère tronquée à sa partie supérieure. Les faces
de devant et d'arrière des six pendentifs sont planes en sorte que les sphères et demi-sphères sont
également tronquées dans cette disposition.

Les frises ont en longueur l'écartement des piliers, en hauteur vingt pouces huit lignes à partir
de la corniche ou couronnement, et en épaisseur
deux pouces huit lignes. Dans la partie qui avoi-
sine les piliers il existe des rainures 24, 25, 26, 27,
formées pour le passage d'une corde; ces rainures
forment un vide vertical de six lignes sur trois.
A l'orifice supérieur de chaque rainure se trouve
une poulie qui reçoit la corde indiquée, ces quatre poulies sont désignées par les lettres U V.

La frise H se trouve creusée obliquement par
un canal 28 de onze lignes en carré dont la partie
supérieure est éloignée de dix-huit lignes du cen-

tre ou de l'axe de l'instrument. La partie inférieure du canal aboutit au pendentif du milieu.

La partie moyenne et inférieure de la frise H est traversée par deux mortaises verticales dont une externe 29 et l'autre interne 30 ; elles sont parallèles entr'elles et ont dix-sept lignes de longueur et trois lignes de largeur ; elles sont destinées à recevoir les tenons 31 et 32 de l'intérieur du pendentif, qui ont un pouce de longueur et sont écartées entr'eux de dix-neuf lignes.

Dans l'espace compris entre les deux tenons 31, 32, une plaque en fer W se trouve fixée par des vis, elle a vingt-deux lignes de longueur sur onze lignes de largeur et deux lignes d'épaisseur. Son extrêmité postérieure est taillée en bizeau. Dans une étendue de dix lignes la partie postérieure des bords de cette plaque se trouve réunie à angle droit avec deux autres lames verticales X Y, qui forment coussinets ; elles ont dix-sept lignes de longueur, dix lignes de largeur et deux lignes trois quarts d'épaisseur. A deux lignes des extrêmités supérieures des coussinets, et dans leur centre, ils se trouvent percés par des trous 33 et 34 qui reçoivent une cheville en fer qui sert d'axe au cylindre en cuivre Z. Cette cheville est rivée sur les fonds extérieurs des deux coussinets.

Le cylindre en cuivre que l'on vient d'indiquer

et qui sert de poulie, a quatre lignes de diamètre et en longueur l'écartement qui existe entre les deux coussinets XY. Leurs extrêmités se trouvent plus élevées au moyen d'un rebord de trois lignes de hauteur, qui maintient la corde reçue sur le cylindre décrit.

Près de l'extrêmité de la plaque en fer W se trouve une ouverture 35 qui a quatre lignes de largeur, sur la longueur du cylindre Z ; c'est par cette ouverture que doit passer la corde qui circule sur le cylindre qui vient d'être indiqué.

L'intérieur du pendentif S est creusé de manière à former un vide cylindrique de quatre pouces de diamètre destiné à contenir les pièces que nous allons décrire ; elles sont presqu'en tout semblables à celles désignées par les mêmes lettres et représentées Pl. 10, fig. 5, 6, 7, 8 et 9. A deux lignes de l'extrêmité antérieure des mortaises 29, 30, qui reçoivent les tenons 31 et 32, se trouve une entaille 36 qui se dirige de dehors en dedans ; elle a sept lignes de largeur sur une ligne et demie de profondeur. Diamètralement opposée à celle-ci se trouve une autre entaille 37 qui a les mêmes proportions. Ces deux entailles reçoivent les parties latérales d'une chappe en fer a' qui contient l'arbre b' de la lanterne c'.

La chappe a' forme un carré long de quatre

pouces trois lignes, sur deux pouces trois lignes
de largeur et trois lignes et demie d'épaisseur;
dans le centre de ces lames latérales on remarque
deux entailles 38,39, pratiquées sur l'un des bords,
elles forment une ouverture de neuf lignes. La
partie moyenne inférieure de ces entailles forme
une demi-circonférence dans laquelle roule l'axe
de l'arbre b' de la lanterne c'; pour s'opposer à
ce que l'arbre sorte de ces entailles, des trous 4o
sont pratiqués à ses bords et permettent d'y placer une cheville qui forme arrêt.

L'arbre b' a trois pouces dix lignes de longueur,
son extrêmité interne 41 est arrondie et forme
tourillon; la portion 42 qui se trouve comprise
dans la chappe forme un carré de sept lignes de
côté; cette portion passe en travers de la lanterne.
A partir de l'extrêmité de ce carré du côté externe l'arbre se trouve arrondi au point 43 dans
l'étendue de dix lignes; une portion de cette extrêmité cylindrique est reçue dans l'entaille externe qui se trouve garnie en cuivre pour faciliter
le mouvement de rotation; enfin l'arbre se termine
extérieurement par un carré 44 qui a un pouce de
longueur sur cinq lignes et demie de côté.

La lanterne c' est formée par un cylindre en
bois percé dans son centre d'un trou carré pour
recevoir l'arbre qui vient d'être décrit; les bords

sont saillans de deux lignes et le reste de la lanterne a trois pouces six lignes de diamètre; ses extrêmités sont garnies par des plaques en fer 45
pour lui donner de la solidité.

CORNICHE

OU COURONNEMENT.

La corniche ou couronnement J forme un carré parfait de trois pieds six pouces de côté à sa partie supérieure et de trois pieds de côté à sa base; il a quatre pouces neuf lignes de hauteur et se trouve composé d'une baguette inférieure, d'un large cavet formant soffite, d'un filet et enfin d'un quart de rond supérieur. Les quatre angles du couronnement sont percés par les mortaises 46, 47, 48, 49, qui reçoivent les tenons supérieurs des quatre piliers B, C, D, E. Près de ces mortaises se trouvent des trous 50, 51, 52, 53, qui ont dix-neuf lignes de diamètre et treize lignes de profondeur : ils reçoivent la tête des vis. Le centre de ces trous est prolongé pour former les ouvertures 54, 55, 56 et 57 qui ont sept lignes de diamètre et toute l'épaisseur ou la hauteur du couronnement pour recevoir les vis dans toute leur longueur.

A treize lignes du bord interne des parties latérales on remarque deux coursiers 58, 58; ils ont pour longueur l'espace compris entre les trous 50 et 51, 52 et 53, une largeur de vingt-une lignes et treize lignes de profondeur, et sont destinés au passage des cordes qui seront indiquées. A chacun de ses angles la corniche se trouve percée de haut en bas par les trous 59, 60, 61, 62, qui correspondent aux rainures 24, 25, 26 et 27 des frises ponr laisser passer les cordes dont il a été parlé.

A l'à-plomb du centre de ces tenons se trouvent les poulies U, U, V, V, qui sont contenues dans les chappes en fer h', i', j', k', maintenues par des vis sur le fond des coursiers 58, 58.

Au-dessus de l'orifice supérieur du canal 28 de la frise H, et dans la même direction, le fond du coursier 58 se trouve percé d'un trou 63 pour le passage d'une corde.

Dans le milieu de la longueur des coursiers 58, 58, et sur les parties latérales de leurs bords se trouvent des coussinets en fer l', m', n', o'. Chacun de ces coussinets a une base de quatre pouces de longueur, neuf lignes de largeur et deux lignes et demie d'épaisseur, qui se trouve percée de quatre trous pour la pose des vis qui servent à la fixer snr la partie supérieure de la corniche; une branche verticale s'élève à angle droit sur cette base pour former le coussinet, elle a trois pouces dix lignes de hauteur, sa largeur à la base est la plus forte, et elle diminue en s'élevant pour ne plus conserver qu'un pouce à sa partie supérieure, elle a la même épaisseur que sa base ; le sommet du coussinet, dans le sens de sa largeur, se trouve creusé en demi-cercle sur six lignes de diamètre ; le surplus forme deux branches inégales qui sont percées d'un trou dans le sens de leur épaisseur pour la pose d'une cheville ; l'ouverture laissée sert à recevoir l'arbre p'.

Cet arbre p' a trois pieds de longueur sur neuf lignes en carré, il est cylindrique dans les parties qui répondent aux coussinets l', m', n' et o'.

Les lanternes q' et r' sont assemblées sur l'arbre p', elles ont vingt et une lignes de longueur cylindrique et six pouces de diamètre, non compris les rebords de trois lignes. La lanterne de gauche se trouve creusée de deux gorges, tandis que celle de droite en a trois. Ces gorges sont destinées à loger les cordes pour éviter qu'elles ne s'entrecroisent. Les lanternes sont percées d'autant de trous qu'elles reçoivent de cordes, afin de les fixer ; chaque trou a son orifice plus large pour loger les nœuds destinés à arrêter la corde.

La corniche se trouve surmontée sur ses quatre faces par des frontons K, L, M, N, dont les tympans ont trente et un pouces et demi de base et sept pouces neuf lignes de hauteur, chaque tympan est couronné par une corniche rampante composée d'un filet et d'un talon droit. Les deux frontons latéraux contiennent les lanternes assemblées sur l'arbre p' et leurs vides intérieurs sont divisés inégalement pour faciliter la marche des diverses cordes.

PIÈCES

POUR LE PLACEMENT DES PIEDS.

Dans le milieu de la plate-forme A et à quinze pouces de son bord postérieur, se trouve une chappe en cuivre e, qui a neuf lignes de largeur sur un pouce de hauteur. Une semblable chappe f se trouve dans la même ligne, mais à dix pouces plus en arrière. Un guide en bois g, glisse dans ces chappes ; il a dix-sept pouces de longueur sans y comprendre le tenon, un pouce de largeur et neuf lignes d'épaisseur, son extrêmité antérieure est taillée en tenon et se trouve reçue dans une mortaise pratiquée dans une traverse en bois h en forme de T.

Le guide se trouve divisé exactement en pouces, demi-pouce et quart de pouce, dans une étendue d'un demi-pied à partir de la traverse.

A partir de la chappe e, en arrière de haut en bas et de six lignes en six lignes, le guide g se trouve percé de trous 10 *bis* pour la pose d'une brochette.

La traverse en bois h a un pied de longueur

sur un pouce en carré ; dans sa partie moyenne postérieure se trouve une mortaise qui reçoit le tenon du guide g. A dix-huit lignes en partant du centre de la traverse h, à sa droite et à sa gauche on remarque sur la partie antérieure des mortaises 11 et 12, qui reçoivent les tenons des deux costières que nous allons décrire ; ces mortaises sont traversées de haut en bas par plusieurs trous 13 et 14, pour le passage de deux brochettes.

Les costières i, j, ont un pied de longueur sur un pouce en carré, leurs extrêmités postérieures sont taillées en tenons 15 et 16, reçus dans les mortaises 11 et 12 déjà décrites ; ces tenons sont traversés par des trous 17 et 18, qui correspondent à ceux 13, 14, afin de permettre la pose de deux brochettes qui forment charnière et laissent les costières exécuter des mouvemens circulaires pour prendre la direction des pieds. Cette direction se fixe par deux brochettes qui pénètrent dans les trous 19 et 20 percés circulairement sur la plateforme A ; ces trous sont espacés entr'eux de quatre lignes.

Pour éviter le dérangement des béquilles, en arrière des consoles antérieures se trouvent deux légers enfoncemens circulaires qui permettent de loger l'extrêmité inférieure de chaque béquille.

CROISILLON ET CASQUE

POUR SOUTENIR LA TÉTE

EN FACILITANT SES MOUVEMENS DE DROITE A GAUCHE
ET DE GAUCHE A DROITE.

A la partie inférieure du cavet de la corniche et sur ses faces latérales on remarque les entailles 64,65, qui ont dix-sept lignes de hauteur sur treize de largeur. Les parois à droite et à gauche et la face inférieure de chacune de ces entailles sont garnies de galets s's' t' t'. Ces six galets sont légèrement saillans de manière à faciliter le glissement du croisillon u'.

Ce croisillon u' a trois pieds six pouces de longueur, quinze lignes de largeur et un pouce d'épaisseur, il est entaillé supérieurement au point 66 d'un tiers de sa hauteur dans l'étendue d'un pouce ; cette entaille reçoit une barre en bois v' qui forme avec elle un angle droit.

La barre v' a en longueur l'espace compris entre le devant et le derrière de la corniche, le milieu qui répond au croisillon u' se trouve entaillé au point 67 des deux tiers de sa hauteur et s'assemble de cette manière avec le croisillon ; près de ce point d'union, et en arrière, la barre se trouve percée d'un trou 68 pour le passage d'une corde destinée à soutenir le casque; verticalement au-dessus du centre de ce trou se trouve la gorge d'une poulie 69 sur laquelle passe la corde qui vient d'être indiquée. A deux pouces de l'extrêmité postérieure de la barre est une seconde poulie 70, qui remplit les mêmes fonctions que la précédente; à l'à-plomb de la partie postérieure de la gorge de cette poulie, on voit la barre v' traversée par un trou 71, parallèle à celui 68, par lequel passe une corde qui descend verticalement pour soutenir le contre-poids du casque. Les deux extrêmités de la barre sont entaillées inférieurement et latéralement dans l'étendue de quinze lignes pour recevoir les pièces en cuivre que nous allons décrire.

Ces pièces w', x' ont quatre pouces neuf lignes de longueur, onze lignes de largeur et deux lignes d'épaisseur; la portion qui encastre les extrêmités de la barre v' est beaucoup plus large et forme des épaulemens dans l'étendue de quinze lignes; de cette manière les pièces en cuivre garnissent les parties inférieure et latérales de la barre en les affleurant. Pour maintenir les pièces en cuivre sur la barre elles sont percées horizontalement par un trou qui traverse le tout afin de recevoir une

brochette. Les extrêmités des pièces en cuivre w',
x' qui reposent sur la baguette de la corniche et
dépassent en dehors sont percées de haut en bas
et dans leur centre d'un trou 72 qui sert au passage d'une soie ou fil à plomb. Ces extrêmités
qui forment de simples lames glissent à droite et
à gauche dans une étendue de quatre pouces à
partir du point milieu dans des entailles pratiquées au centre et à la partie inférieure des faces
antérieure et postérieure du cavet de la corniche
du couronnement.

La baguette sous l'entaille qui vient d'être décrite de la face antérieure du cavet, se trouve
garnie, dans l'étendue de huit pouces, d'une lame
en cuivre sur laquelle se trouvent des divisions en
pouces et lignes.

MESURE

POUR DÉTERMINER LA HAUTEUR DES MEMBRES THORACHIQUES

PAR RAPPORT A LA PLANTE DES PIEDS.

Comme cette mesure se trouve être absolument la même à droite et à gauche de l'hybomètre nous nous bornerons à donner la description d'un seul côté. Chacun des supports q, r de cette mesure a trois pieds de longueur et une largeur de quatre pouces dix lignes, sur dix-huit lignes d'épaisseur, ce qui forme une longue pièce, dont les extrêmités sont taillées en enfourchement 84 et 85. Ces en-fourchemens ont de la longueur parce que supé-rieurement ils forment épaulement; quatre galets dirigent chaque extrêmité du support, l'un 86 est placé transversalement à la base de l'enfourche-ment et en à-plomb sous l'épaulement; un deuxième 87 existe à la partie supérieure de cet épaule-ment; le troisième 88 est attaché au côté le plus court de l'enfourchement, et le quatrième 83 est placé à l'extrêmité du support sur la face où com-mence l'enfourchement.

Les galets ont une direction longitudinale, ils

sont destinés à faciliter le glissement des supports de la mesure sur les trois faces des piliers de l'hybomètre auxquels ils correspondent.

Les supports q r se trouvent traversés dans leur épaisseur par deux mortaises 89 et 90, qui laissent entr'elles un intervalle de huit pouces. Ces mortaises ont deux pouces de largeur sur cinq lignes d'épaisseur et servent à guider les lames en bois o p.

Ces lames o p ont dix-huit pouces de longueur sur les largeur et épaisseur des mortaises 89 et 90; leurs extrêmités internes sont reçues dans des mortaises de la traverse s, qui a quinze pouces de longueur, trente lignes de largeur et un pouce d'épaisseur. Dans son bord externe se trouvent pratiquées deux mortaises correspondant à celles 89, 90, et dans les mêmes proportions; elles reçoivent les extrêmités internes des lames o, p. Le bord interne de chaque traverse est creusé circulairement entre l'assemblage des lames; le reste de la traverse est plan. Sur la face supérieure des supports, près des enfourchemens, se trouvent des pitons 91 et 92, qui reçoivent les crochets des extrêmités inférieures des cordes au moyen desquelles on élève ou descend toute la mesure des membres thorachiques.

MESURE HORIZONTALE

DE LA PÉRIPHÉRIE DE LA POITRINE

ET DES MEMBRES THORACHIQUES.

Cette portion de l'hybomètre se divise en deux parties bien distinctes; la première se compose de deux supports mobiles, l'un à droite, l'autre à gauche de l'hybomètre; la deuxième partie est formée par deux plateaux conducteurs des lames indiquant la périphérie.

SUPPORTS MOBILES.

Les supports mobiles t u sont au nombre de deux. Il suffira d'en décrire un complètement, car ils sont parfaitement semblables. Chaque support mobile se trouve composé d'un assemblage de plusieurs pièces formant un carré long, que nous considérerons sous trois faces différentes, une supérieure, une externe et une interne; inférieurement se trouve un large espace formant deux coursiers, dont un antérieur et l'autre postérieur; et deux extrêmités, l'une de devant, l'au- de derrière.

FACE SUPÉRIEURE.

Cette face supérieure y' a trente pouces de longueur et trois pouces dix lignes de largeur, elle
est convexe et ses extrêmités sont arrondies et relevées pour former épaulement. On y remarque
les orifices des trous 73 et 74 et la partie supérieure
de deux rainures.

FACE EXTERNE.

Cette face z' a trois pieds de longueur et trois
pouces dix lignes de largeur, ses deux extrêmités
forment épaulement; dans le centre et à six lignes
du bord inférieur se trouve un trou circulaire 75
dans toute l'épaisseur de la planche, il a vingt-cinq
lignes de diamètre; on remarque supérieurement
et inférieurement deux entailles destinées à recevoir une chappe en fer que nous décrirons bientôt.
Les extrêmités libres laissent apercevoir supérieurement et du côté interne des mortaises 76, 77,
dans lesquelles des galets sont placés, au-dessous
se trouvent deux entailles qui reçoivent les équerres en fer des styles.

FACE INTERNE.

La face interne a" a trente pouces de longueur,
et la largeur déjà indiquée. Les extrêmités sont
terminées par des épaulemens cintrés en dessus;
à dix lignes de son bord inférieur se trouve un
long tasseau b", fixé au moyen de fortes vis.

Ce tasseau b" excède les extrêmités du support de deux pouces, il a seize lignes de largeur sur un pouce d'épaisseur. Aux faces internes de ses extrêmités libres on remarque des mortaises 78 et 79 dans lesquelles des galets sont logés.

COURSIERS.

Inférieurement chaque support mobile présente, comme nous l'avons déjà dit, deux cavités ou coursiers l'un antérieur et l'autre postérieur; ils ont tous deux la même longueur de douze pouces dix lignes, une largeur de vingt et une lignes et une profondeur de vingt-sept lignes, elles sont séparées dans le centre par deux pièces en bois c", d", écartées l'une de l'autre de vingt-sept lignes; leur longueur est aussi de vingt-sept lignes, leur largeur de vingt et une lignes et leur épaisseur de onze lignes; celle c" présente à sa partie inférieure une entaille carrée 80, qui laisse passer un cordeau; celle d" a aussi une entaille 80, mais en sens opposé, elle est destinée au même usage que la première.

Le coursier antérieur présente à vingt-six lignes de son extrêmité opposée à la pièce c" une autre pièce en bois e" qui a les mêmes proportions que celle qui vient d'être indiquée, elle a une entaille 84, profonde et formant gouttière à sa base pour le passage d'un cordeau. A trois lignes de l'extrêmité du coursier et sur son côté interne, on remarque une chappe f'' dont l'une des branches est fixée au bord inférieur de la partie interne du support mobile, elle a trois pouces une ligne de hauteur et une largeur de neuf lignes, elle reçoit dans son vide deux poulies, dont une supérieure et l'autre inférieure, destinées au passage de cordeaux.

Le coursier postérieur présente à vingt-six lignes de son extrêmité opposée à la pièce d'' une autre pièce en bois g'' qui en a toutes les proportions, il y existe aussi une entaille supérieure, mais elle est plus profonde que la première. On remarque à cette extrêmité du coursier une chappe h'' qui ne diffère en quelque sorte de celle f'' que par ses dimensions : elle a vingt-trois lignes de longueur et contient deux poulies destinées à l'usage indiqué pour la chappe f''.

Les extrèmités antérieures et postérieures des supports mobiles étant absolument semblables nous nous contenterons d'en décrire une : chaque extrêmité forme un enfourchement entre l'épaulement de la partie z' et le prolongement interne du long tasseau b''; on remarque à l'extérieur les poulies de la chappe, et dans la direction de leurs gorges, en partant de la poulie supérieure, se trouve une rainure 82, dans laquelle glisse un cordeau. Quatre galets se trouvent fixés à l'extrêmité du support mobile, nous avons déjà cité les deux désignés par les chiffres 76 et 77, le troisième 82 *bis* se trouve dans la partie interne de l'épaulement de la face z', et le quatrième a été décrit, il se trouve à l'extrêmité du long tasseau b". A l'extrêmité de l'enfourchement et sur la pièce z', on remarque une équerre en fer dont chaque branche a deux pouces de longueur : l'une d'elles se trouve fixée, au moyen de vis, dans l'entaille déjà décrite au passage qui traite de la face externe des supports mobiles ; l'autre branche est libre et correspond aux divisions tracées sur les piliers de l'hybomètre, son extrêmité supérieure forme épaulement dans l'étendue de quatre lignes et sert de style pour indiquer la hauteur à laquelle se mesure la périphérie de la poitrine et des membres thorachiques.

Nous avons donné à l'article *description générale de l'Hybomètre* le détail d'une chappe en fer a' et de ses accessoires, elle a la même forme que celle contenue entre les pièces en bois c" et d"; nous y renverrons donc pour éviter une description nouvelle, qui ne serait qu'une répétition de la première ; seulement nous ajouterons que la chappe des supports mobiles est aussi garnie d'un arbre b' qui reçoit une lanterne c', le tout remplit des fonctions analogues à celles indiquées ; les proportions principales de la chappe sont trois pouces de longueur sur deux pouces trois lignes de largeur ; les entailles sont pratiquées dans les bords les plus courts. Le trou 75 est extérieurement garni par une planche circulaire (Fig. 4 et 5, Pl. 10.ᵉ) qui bouche son orifice.

La portion carrée 44 de son arbre b', est saillante extérieurement et reçoit une disque en fer d' avec style. La planche circulaire dont nous venons de parler est garnie d'un cercle en cuivre e', percé de plusieurs trous, ainsi que la planche pour y placer une brochette destinée à arrêter le style du disque d'.

PLATEAUX CONDUCTEURS DE LAMES.

Ces plateaux sont au nombre de deux, l'un antérieur, l'autre postérieur, absolument semblables, il nous suffira donc d'en décrire un complètement.

Chaque plateau se trouve formé de plusieurs parties parties principales : un coursier, les lames, leurs guides et le barreau qui sert à les fixer.

COURSIER ET GUIDES DES LAMES.

Le coursier en bois f', forme un carré long de vingt-neuf pouces et demi de longueur, il est large d'un pied et a dix-sept lignes d'épaisseur. Nous décrirons séparément ses deux faces et ses quatre bords. La face supérieure se trouve creusée dans la majeure partie de sa superficie, sur trois lignes de profondeur, en sorte que les bords latéraux ont seize lignes de largeur, tandis que le bord externe n'a que neuf lignes; cette disposition laisse au milieu du coursier un encaissement g' dans lequel les lames sont logées. A quatre lignes du bord interne, sur les rebords latéraux du coursier, se trouvent des trous circulaires i", i" de trois lignes de diamètre; dans la même direction, mais à vingt lignes de distance du bord interne se trouvent deux autres trous j"j", tous quatre donnent passage à des broches à vis. Plus en dehors, à vingt-sept lignes du bord interne, sont deux autres trous k" k" pour la pose des brochettes qui servent à fixer les plateaux conducteurs.

Les rebords latéraux sont séparés du bord externe par une entaille de sept lignes de largeur sur trois lignes de profondeur qui contient les guides en fer l", l", destinés à maintenir les lames. A quatorze lignes du bord interne, on remarque, dans toute sa longueur, une rainure qui a dix lignes de profondeur sur quatre lignes de largeur; elle reçoit une lame en fer qui la remplit complètement.

A la face inférieure du coursier f', on remarque, près des bords latéraux, quatre entailles 93, 93, dont deux de chaque côté; elles reçoivent des chappes en cuivre avec galets : sur cette face six trous circulaires sont visibles, ils ont été décrits sous les lettres i", j" et k" et servent à placer des écrous et brochettes.

Le bord interne du coursier est entaillé supérieurement de la profondeur de dix lignes sur quatre lignes de largeur pour loger une lame en fer qui les remplit complètement.

Le bord externe ne présente que les orifices des entailles qui reçoivent les guides en fer l", l".

Les bords latéranx du coursier sont entaillés dans l'étendue de quatre pouces trois lignes sur une ligne de profondeur dans la partie qui répond au bord interne; cette entaille reçoit une lame en fer m", qui affleure le bord, elle y est maintenue par des vis. Cette lame m" se trouve mortaisée de haut en bas à trois lignes de son extrêmité pour recevoir un galet. A dix lignes de son extrêmité opposée se trouve une autre entaille n", qui contient une chappe en cuivre avec galet; enfin, à trois lignes du bord extérieur du coursier existe une troisième entaille o", dans laquelle une chappe en cuivre avec galet se trouve aussi logée.

Les deux lames en fer du bord interne du coursier sont réunies entr'elles par des broches en fer rivées sur les faces, et l'intervalle qui les sépare est rempli en bois.

LAMES.

Les lames sont au nombre de quatre cents posées sur champ; elles présentent ensemble un développement de vingt-cinq pouces neuf lignes et leur longueur est de onze pouces trois lignes, leur hauteur de champ est de trois lignes. Elles sont formées de lames en cuivre et de lames en acajou réunies au moyen de trois rivés en cuivre; les extrêmités qui répondent au bord intérieur sont taillées carrément et l'arête supérieure forme une doucine légère et longue; l'extrêmité qui répond au bord extérieur est arrondie et forme un crochet qui peut facilement être saisi pour la diriger. Comme on est obligé dans le fonctionnement de l'hybomètre de faire glisser les lames sur le coursier f', en raison de leur flexibilité on conçoit que leur marche aurait pu être divergente, c'est pour obvier à cet inconvénient que nous avons établi les entailles latérales qui contiennent les guides en fer l", l", déjà décrits; ils ont dix-sept pouces et demi de longueur, une largeur de six lignes et demie et trois lignes d'épaisseur. Ces guides maintiennent les lames de part et d'autre dans toute leur longueur; ils sont fixés par des vis dans les entailles. Les extrêmités intérieures de ces guides se rencontrent et s'assemblent comme l'indique la figure 2, Pl. 1re, ensorte qu'ils fixent en même temps l'écartement des deux coursiers antérieur et postérieur.

Les lames devant glisser dans leur coursier et toucher par leurs extrêmités intérieures la périphérie de la poitrine et des membres thorachiques, il a fallu trouver un moyen de les maintenir dans la disposition donnée, afin que la mesure obtenue devint invariable à volonté. Nous y sommes parvenus au moyen du barreau que nous allons décrire.

BARREAU QUI SERT A FIXER LES LAMES.

Ce barreau dans son ensemble a une forme semi-cylindrique, il est creux et sa convexité est supérieure; sa face inférieure est plane ; deux lames p", p" en forment la base.

Ces deux lames sont en fer, elles ont en longueur six lignes de moins que le coursier; la portion inférieure, qui est plane, a neuf lignes de largeur sur cinq lignes d'épaisseur et ses extrêmités ont neuf lignes de plus en étendue et forment ainsi des épaulemens. Ces épaulemens sont percés par des trous de trois lignes et demie de diamètre, qui correspondent aux trous i", i", j", j", pour la pose des broches à vis.

Des bords inférieurs à la sommité des lames en fer il existe une courbe qui a dix-sept lignes d'étendue. L'arête supérieure est entaillée de deux lignes de profondeur, et forme une espèce de feuillure q". Les feuillures des deux lames en fer reçoivent les bords d'une pièce en bois r", que nous décrirons bientôt.

Les deux lames p", p", sont écartées entr'elles et leur distance respective est maintenue au moyen de trois vis qui traversent les trous parallèles s", s", s".

La lame externe p", à quatre lignes de son bord inférieur, est horizontalement percée de neuf trous t", t", qui la traversent de part en part, tandis que la lame interne p" est aussi percée à un point correspondant de la même quantité de trous, mais qui ne forment que des mortaises circulaires ; ces trous reçoivent les tourillons ou axes des arrêts en fer que nous décrirons ci-après. Les trous de la lame externe p" sont fraisés en dehors sur neuf lignes de diamètre, dans les deux tiers inférieurs de la circonférence et sur une ligne de profondeur pour faciliter le jeu des petits rochets ou roues dentées en cuivre x" qui sont adaptés sur les axes en fer dont il vient d'être question. A huit lignes du bord inférieur de la lame en fer et à onze lignes à gauche de chaque trou t'', se trouve un autre trou u'' plus petit. Ces derniers sont donc aussi au nombre de neuf, ils sont taraudés pour recevoir des vis sur lesquelles s'assemblent les cliquets des rochets déjà décrits.

Les bords supérieurs des lames p'' p'' sont écartés l'un de l'autre de dix-huit lignes et nous avons déjà fait connaître qu'il y existe des feuillures ; cet intervalle complet est rempli par une pièce en bois r''. Cette pièce est convexe à sa partie supérieure, ses bords latéraux reposent sur les feuillures, et la partie inférieure vient affleurer la base des lames en fer p'', p''. Le revers extérieur de la pièce en bois est divisé en pouces et lignes.

Nous avons dit que le barreau est creux intérieurement, effectivement aux points qui correspondent aux neuf trous t'', t'', des lames p'', qui reçoivent les tourillons et axes des rochets, la pièce en bois r'' est entaillée assez profondément pour contenir les arrêts en fer v''. Ces arrêts sont au nombre de neuf, leurs faces latérales sont planes, tandis que le surplus de chaque arrêt a des formes arrondies, les courbes décrites sont tracées de plusieurs foyers, en sorte que l'une des parties est saillante et s'applatit pour former une espèce de coin ; dans sa plus grande largeur l'arrêt a treize

lignes; sa longueur remplit l'intervalle que sépa-
rent les lames en fer p", p", en ne laissant de part
et d'autre que le jeu nécessaire pour la manœuvre
de l'arrêt; il a deux tourillons, l'un qui traverse la
lame externe p" et la dépasse de six lignes, en
formant un carré sur lequel s'assemble ce rochet
en cuivre déjà décrit, il s'y trouve maintenu par
une petite goupille en fer qui traverse un trou
pratiqué à l'extrêmité du carré.

Le second tourillon est plus court; il forme à
sa base un petit épaulement et se trouve reçu dans
les mortaises correspondantes de la lame interne
p". L'espace qui existe entre les lames en fer p", p",
se trouve complètement rempli par la pièce en
bois r", qui ne gêne en rien le mouvement des arrêts v", v", puisque chacun de ces arrêts se trouve
contenu dans une entaille faite de manière à permettre son libre fonctionnement.

Les arrêts exercent leur pression sur quatre
bandes de fer w", w", qui sont relevées à angle
droit à leurs extrêmités. Ces bandes de fer sont de
différentes longueurs, leur largeur remplit l'intervalle qui sépare les lames p", p", elles sont suffisamment épaisses et se posent sur les lames du
coursier. Les équerres des extrêmités ont six lignes
de hauteur et sont reçues dans les vides des arrêts
v", v"; les faces supérieure et inférieure des bandes sont garnies par un cuir collé.

Les rochets x", x", sont au nombre de neuf, ils
ont neuf lignes de diamètre, sur une ligne d'épaisseur; leur centre est percé d'un trou de trois lignes
en carré qui laisse passer les longs tourillons des
arrêts v",v", au-delà les rochets sont maintenus
par une goupille; la circonférence du rochet est
dentée, pour recevoir l'extrêmité d'un cliquet
courbe y", qui est destiné à fixer l'arrêt v".

Le cliquet y" a un pouce de longueur, il est
courbe, sa base est percée par un trou pour le
passage d'une vis qui se fixe sur la lame en fer p",
son sommet est tranchant pour pénétrer dans les
dents du rochet.

Quand les deux plateaux conducteurs sont fixés
au moyen de brochettes qui traversent les trous
k", k" du coursier il existe entr'eux un espace
d'un pied de devant en arrière destiné à recevoir
la personne dont l'on veut obtenir la périphérie;
lorsque toutes les lames sont disposées et que cette
première opération est terminée, le vide entre les
coursiers se remplit par une planche à dessiner z".

Cette planche est faite en bois léger, de manière
que sa superficie supérieure sert d'appui à la face
inférieure des lames; on y adapte un papier sur
lequel on trace avec exactitude les diverses courbes
déterminées par la partie saillante des lames mobiles qui forment les périphéries obtenues.

MESURE

POUR DÉTERMINER LA HAUTEUR DU CORPS.

La pièce principale de cette mesure est une barre à équerre v, qui a vingt-neuf pouces et demi de longueur, trente-cinq lignes de largeur et vingt-sept lignes d'épaisseur : elle se compose de plusieurs parties, l'une w a la longueur totale sur seize lignes et demie d'épaisseur ; elle occupe la partie supérieure de la barre. Une autre est fixée à la face inférieure de la barre ; elle n'a que treize pouces onze lignes de longueur. Son extrêmité externe forme un épaulement en quart de rond, et son autre extrêmité est entaillée circulairement 94 de manière à recevoir l'équerre y, qui forme sa jonction en ce point. Cette équerre a la longueur de la pièce précédente, mais elle est mobile au moyen d'un axe en fer 95 qui la traverse près de son extrêmité interne ainsi que la pièce supérieure w. Au moyen de cet axe l'équerre peut décrire un quart de cercle de devant en arrière ; on remarque, à son bord postérieur, près de l'extrêmité externe, une lame en cuivre 96 qui dépasse l'équerre de trois lignes et l'empêche ainsi de dépasser la barre lorsqu'elle est replacée sous la partie w.

Ces trois pièces w, x et y, réunies, forment la barre à équerre; inférieurement et à ses extrêmités se trouvent deux épaulemens 96 et 98; celui 97 se trouve entaillé pour recevoir l'extrêmité externe de l'équerre y. On remarque dans la partie moyenne de chaque extrêmité de la barre et de haut en bas, une rainure 99, qui correspond à une autre pratiquée sur les faces internes des piliers B C. Les rainures 99 reçoivent une lame en cuivre qui remplit les fonctions de guide. A la face externe, supérieure et antérieure des épaulemens 97 et 98, on remarque de légères entailles dans lesquelles sont logées des branches en cuivre formant équerre 100, chaque branche a vingt lignes de longueur et dix de largeur; celles qui ne sont pas fixées aux épaulemens sont libres et glissent sur la face antérieure des piliers B C, sur les divisions en pouces et lignes qui y sont tracées, ces branches libres servent donc de styles.

Sur la face supérieure de la barre à équerre, à seize lignes de ses extrêmités, se trouvent deux pitons à vis 101 qui servent à fixer les deux extrêmités d'un cordeau. Verticalement au - dessus de ces pitons, sur la face inférieure de la partie antérieure du couronnement de l'hybomètre, se trouvent deux chappes en cuivre 102 qui y sont maintenues par des vis, elles sont dirigées obliquement de dehors en dedans et contiennent des poulies qui reçoivent le cordeau qui vient d'être indiqué. Deux autres chappes 103 sont fixées sur la face inférieure de la partie postérieure du même couronnement et dans une direction qui correspond aux deux chappes 102 ; elles sont aussi garnies de poulies et reçoivent le cordeau déjà décrit; enfin une autre chappe à crochet 104 également garnie d'une poulie, se trouve adaptée sur le repli du cordeau, son crochet supporte le poids 105.

FONCTIONNEMENT DES PIÈCES

POUR LE PLACEMENT DES PIEDS.

Pour que les diverses mesures à prendre fussent toujours exactes, il fallait partir d'un point fixe, d'une première position invariable pour terme de départ des nouvelles observations et pouvoir ainsi les comparer entr'elles; nous avons reconnu que la position des pieds devait être ce point de départ, c'est donc par cette partie de l'hybomètre que commence son fonctionnement. Nous avons dit que les deux pièces g et h étaient réunies et formaient un T, que sur la face supérieure du guide g se trouvaient des divisions en pouces et lignes, ainsi que des trous 10 *bis;* que ce guide glissait dans des chappes en cuivre e f, ce qui permettait au T d'exécuter des mouvemens de devant en arrière et d'arrière en avant, en glissant sur la plate-forme A; que ce T pouvait être rendu fixe en introduisant une brochette dans l'un des trous 10 *bis,* qui correspondent à d'autres trous pratiqués dans la plate-forme A; que la traverse h recevait, dans les mortaises 11 et 12, les tenons 15

et 16 des costières i j; qu'elles étaient mobiles au
moyen des brochettes traversant les trous 13 et 14
et ceux des tenons 15 et 16 ; que ces costières i j
pouvaient être rapprochées ou écartées selon qu'il
était nécessaire à cause des brochettes qui leur servent d'axes et qu'elles pouvaient ainsi décrire un
arc de cercle et être arrêtées au point convenable
par des brochettes qu'on introduisait dans les trous
19 et 20 pratiqués sur la plate – forme A ; d'après
ces remarques on conçoit que si les talons de la
personne sur laquelle on fait une observation tou-
chant la face antérieure de la traverse h, on
pourra diriger les faces internes des costières i j le
long des bords externes des pieds, et qu'après
avoir pris note des longueurs et des ouvertures,
on pourra à chaque observation nouvelle replacer
les pieds dans leur première position.

FONCTIONNEMENT

DU CROISILLON ET DU CASQUE

POUR SOUTENIR LA TÊTE

EN FACILITANT LES MOUVEMENS DE DROITE A GAUCHE

ET DE GAUCHE A DROITE.

Nous avons décrit le croisillon u' qui s'emmanche à angle droit avec la barre v', nous avons dit alors que cette dernière était traversée de haut en bas, près du point de réunion, par un trou 68 pour le passage d'une corde et qu'à l'à-plomb de ce trou existait la gorge d'une poulie 69. A deux pouces de l'extrêmité postérieure de la barre v' se trouve une seconde poulie 70 et à l'à-plomb de la partie postérieure de sa gorge, la barre v' est traversée par un trou 71. Cette disposition permet le placement de la corde qui supporte le casque et son contre-poids : l'extrêmité qui porte le casque traverse de bas en haut le trou 68, la corde s'appuie ensuite sur la gorge de la poulie 69, se porte en-arrière en longeant la face supérieure de la barre v' jusqu'à la poulie 70, sur laquelle elle repose;

elle descend après perpendiculairement en traversant le trou 71 et la deuxième extrêmité de cette
corde à un crochet en cuivre sur lequel s'adapte
le contre - poids du casque ; la première extrêmité
de la corde a aussi un crochet qui reçoit l'anneau
du casque.

Si le corps de la personne examinée est incliné,
la tête aura nécessairement suivi cette inclinaison ;
il est essentiel de la constater, et on y parviendra
au moyen de la partie de l'hybomètre dont nous
allons continuer la description.

Nous avons dit que le croisillon u' roule de
droite à gauche et de gauche à droite sur les galets s', s', t', t', qui se trouvent dans les entailles 64
et 65 à la partie inférieure du cavet de la corniche ; que les extrèmités de la barre v' sont entaillées et reçoivent deux pièces en cuivre w', x', qui
reposent sur la baguette de la corniche, qu'elles
dépassent de quelques lignes ; les parties saillantes
de ces pièces en cuivre sont perceés par les trous
72, 72, qui donnent passage à des soies ou fils à
plomb, arrêtés supérieurement par des nœuds ; la
barre v' peut glisser à droite et à gauche dans une
étendue de quatre pouces. Des poids sont adaptés
aux extrêmités flottantes des fils à plomb partant
des trous 72. Ces derniers sont parallèlement placés, dans la même verticale que les supports du

casque et de son contre-poids ; étant sur la même ligne il est clair que si le croisillon u' est porté, soit à droite, soit à gauche, par le mouvement du casque on sera à même de reconnaître l'étendue de l'écartement ; pour la déterminer d'une manière précise il a été établi des lames en cuivre divisées en pouces et lignes sur la baguette de la corniche et sur la barre à équerre v ; le milieu de ces lames porte le point de o et l'écartement se trouve côté à droite et à gauche.

Le casque employé est absolument le même que celui dont la description se trouve donnée.

FONCTIONNEMENT DE LA MESURE

POUR DÉTERMINER LA HAUTEUR DES MEMBRES THORACHIQUES

PAR RAPPORT A LA PLANTE DES PIEDS.

Lors de la description des supports q, r nous avons dit que les lames en bois o, p glissent dans les mortaises 89 et 90 ; que ces lames sont réunies aux traverses s ; que les extrêmités des supports q, r sont garnies de galets pour faciliter leurs mouvemens d'ascension et de descente ; que des équersont fixées aux extrêmités desdits supports, pour former styles et déterminer ainsi les hauteurs des mesures qui se comptent sur les divisions tracées sur les piliers de l'hybomètre.

Il nous reste à indiquer comment les supports sont rendus mobiles et de quelle manière on leur fait exécuter des mouvemens d'ascension et de descente.

La description des supports mobiles des plateaux conducteurs des lames t, u fait connaître que leurs faces externes sont percées par les trous circulaires 75, et que chacune de ces ouvertures contieut une chappe en fer a', garnie d'une lan—

terne c' assemblée sur un arbre en fer ; la lanterne se trouve percée de trous pour fixer les extrêmités de deux cordes au moyen de nœuds. L'une va en devant, l'autre en arrière, en passant dans les entailles 80, 80, 81, 81, faites aux pièces en bois c", d", e" et g" aux extrêmités des coursiers ; elles se dirigent à travers ces coursiers et passent sur les poulies inférieures qui se trouvent dans les chappes f" et h" ; elles descendent ensuite verticalement jusqu'aux supports q, r et les extrêmités de ces cordes qui sont flottantes sont garnies d'un petit crochet en laiton que l'on adapte à volonté aux pitons 91 et 92, qui se remarquent sur la face supérieure des supports q, r.

Par l'explication que nous venons de donner on concevra facilement que si l'on place les crochets dans les pitons 91 et 92 et que l'on fasse ensuite tourner la lanterne c', les cordeaux qui y sont fixés en sens inverse s'enrouleront et détermineront l'élévation des supports q, r et par conséquent des lames o, p et de la traverse s. La lanterne c' se met en mouvement au moyen d'une manivelle que l'on place sur le carré 44 de l'arbre b'. En tournant la manivelle en sens contraire les mêmes pièces descendront ; voilà donc les mouvemens d'ascension et de descente démontrés. Examinons maintenant comment ces mouvemens déterminent

la différence de hauteur des membres thorachiques
par rapport à la plante des pieds : nous avons dit
que les lames o, p glissent dans les mortaises 89,
90 et que leurs extrêmités internes sont réunies à
la traverse s ; une personne étant placée dans l'hybomètre, il suffira de conduire la traverse s de
manière qu'elle soit à l'à-plomb du membre thorachique et de tourner ensuite la manivelle de la
lanterne c' jusqu'à ce que la traverse s touche
l'extrêmité du doigt du milieu ; on fixe alors le
tout au moyen d'une brochette qui pénètre dans
l'un des trous du cercle en cuivre e', attaché à la
planche circulaire qui bouche l'ouverture 75 des
supports mobiles.

On exécute la même opération sur le second
côté de l'hybomètre et au moyen des divisions
tracées sur les piliers on détermine la différence
qui existe entre les deux membres thorachiques,
ou leur hauteur par rapport à la plante des pieds.

FONCTIONNEMENT

DE LA MESURE HORIZONTALE DE LA PÉRIPHÉRIE.

DE LA POITRINE

ET DES MEMBRES THORACHIQUES.

SUPPORTS MOBILES.

Les supports mobiles t u doivent s'élever et s'abaisser à volonté en glissant le long des piliers B, C, D, E, nous allons examiner de quelle manière ces mouvemens d'élévation et d'abaissement peuvent s'exécuter.

Les galets qui se trouvent aux extrêmités des supports mobiles t u sont en contact avec trois des faces de chaque pilier; en roulant sur leurs axes ils facilitent les mouvemens d'ascension et de descente, nous allons en outre faire connaître de quelle manière le mouvement est imprimé à cette partie de l'hybomètre.

Une corde est attachée à chaque piton qui se trouve fixé à la partie inférieure des pendentifs O, P, Q, R; elle descend pour traverser le trou 73 ou 74 qu'on remarque aux extrêmités de la face supérieure des supports mobiles; cette corde en descendant davantage rencontre la gorge de la poulie supérieure de l'une des chappes f" ou h", elle l'entoure et remonte par la rainure 82 , va regagner l'une de celles 24, 25, 26 ou 27, pratiquées dans toute la hauteur des frises H I , traverse l'un des trous 59, 60, 61 ou 62 du couronnement, passe sur l'une des poulies U ou V, change de direction et se porte vers le centre de l'hybomètre en passant dans le coursier 58 et va s'adapter sur l'une des lanternes q' ou r', où, au moyen d'un nœud, elle se trouve arrêtée. Les quatre cordes sont disposées comme nous venons de l'indiquer pour l'une d'elles.

D'après ce que nous venons de dire sur le point de départ des cordes, sur leur marche et le point où elles aboutissent, il est facile de concevoir que si les cordes s'enroulent sur les lanternes, nécessairement les supports mobiles s'élèveront et que si un mouvement contraire est imprimé les supports s'abaisseront. Nous allons maintenant faire connaître comment les lanternes q' r' sont mises en mouvement : nous avons dit que l'arbre p' reçoit à ses extrémités les lanternes, dont celle à gauche n'a que deux gorges tandis que celle à droite en a trois ; sur celle à deux gorges s'adaptent deux des cordeaux dont nous venons de parler, il en est de même de la seconde lanterne à droite, celle q', mais une troisième corde s'adapte à la dernière gorge, de là, elle descend par le trou 63, traverse le canal 28, s'appuie sur le cylindre en cuivre Z, passe par l'ouverture 35 et va gagner la lanterne C' qui se trouve contenue dans le pendentif S ; la corde s'y trouve arrêtée par un nœud. Cette lanterne est mobile au moyen de l'arbre horizontal b', qui se prolonge à l'extérieur du pendentif ; l'extrémité de l'arbre forme un carré 44 sur lequel on ajuste une manivelle à double poignée. D'après cette disposition, si la corde se trouve suffisamment enroulée dans la troisième gorge de la lanterne q', il est clair qu'en faisant tourner la lanterne C', la corde s'enroulera autour d'elle ; par le rapport qui existe entre les deux lanternes, celle inférieure C' ne peut marcher sans imprimer un mouvement à la lanterne supérieure q', et celle-ci meut aussitôt l'arbre horizontal p' ; le mouvement des deux lanternes q'r, sera proportionné à celui de la lanterne C' et les cordes qui y sont attachées s'enrouleront, par ce moyen elles enlèveront les supports mobiles ; un mouvement contraire occasionnerait la descente des mêmes supports. Il suffit donc pour produire le mouvement d'ascension ou de descente des supports mobiles de tourner la double manivelle adaptée sur le carré 44 de l'arbre b'.

Pour conserver les supports mobiles à une hauteur voulue il suffit de placer une brochette dans un des trous du cercle en cuivre e' qui se trouve à l'extérieur du pendentif S, la brochette arrête l'une des poignées de la manivelle. Pour mettre les supports mobiles au repos, on place des brochettes dans les trous 22 et 23 des lames en cuivre adaptées sur les piliers de l'hybomètre.

Comme les supports mobiles reçoivent et supportent les plateaux conducteurs des lames, on conçoit qu'ils suivront leurs mouvemens et seront élevés, abaissés ou rendus fixes à volonté.

PLATEAUX CONDUCTEURS DES LAMES.

La description donnée de toutes les parties des plateaux conducteurs indique que des lames se trouvent réunies les unes à côté des autres et sont encaissées dans un coursier f' et maintenues par des guides l"; elles sont placées sur champ et forment par leur réunion, par leur masse, une large surface plane et mobile; les extrêmités internes des lames forment bourrelet de manière à pouvoir les saisir et les diriger.

Les coursiers f' reposent sur les longs tasseaux b" b" et se fixent au moyen de brochettes qui traversent les trous k" k" qui correspondent aux tasseaux.

L'espace compris entre les deux coursiers est le

lieu où se place la personne dont on veut prendre la mesure horizontale ou plutôt déterminer la périphérie, à cet effet on élève les plateaux conducteurs à la hauteur convenable, et, quand ils sont fixés, on pousse les lames jusqu'à la rencontre des divers points de la périphérie du corps. Quand toutes les lames touchent la peau, on les rend immobiles an moyen d'une clef en fer que l'on introduit sur les carrés des axes de chaque arrêt v"; en tournant cette clef les arrêts pressent les bandes en fer w" qui, à leur tour, compriment la face supérieure de toutes les lames. La pression exercée sur les bandes en fer w" se conçoit puisque les arrêts v" sont formés de plusieurs courbes qui déterminent un bec ou partie saillante. Les arrêts sont rendus fixes au moyen des cliquets y" qui pénètrent dans les dents des rochets x". La périphérie étant fixée, on retire les brochettes qui fixent le coursier antérieur, on l'enlève afin de faire sortir la personne mesurée, on replace ensuite le même coursier contre l'antérieur qui n'a pas été déplacé, on le fixe de nouveau en introduisant ses brochettes dans les trous k" et l'espace vide qui se trouve alors entre les lames forme la coupe horizontale de la personne mesurée. On en obtient le dessin exact en traçant sur un carton ou sur un papier les diverses sinuosités formées par les extrêmités internes des lames.

Si l'on désire prendre des mesures à des hauteurs différentes, on conçoit qu'il suffit d'élever ou d'abaisser les supports mobiles et de renouveller l'opération qui vient d'être décrite.

FONCTIONNEMENT DE LA MESURE

POUR DÉTERMINER LA HAUTEUR DU CORPS.

Nous avons fait connaître que les pièces qui servent pour prendre cette mesure forment une barre à équerre v placée en travers de l'hybomètre entre les piliers B, C; que ses mouvemens d'élévation et d'abaissement sont dirigés par des galets qui se trouvent à ses extrêmités; qu'elle ne peut s'écarter ni en devant, ni en arrière, à cause des guides en cuivre 99 qui glissent dans les rainures pratiquées sur les faces internes des piliers B, C; nous avons aussi fait connaître que l'équerre y est mobile, qu'elle pivote sur son extrêmité interne au moyen de l'axe en fer 95 qui la traverse; elle s'élève ou descend avec toute la barre v, dont les extrêmités sont garnies de deux styles en cuivre 100 qui glissent librement sur les lames en cuivre divisées qui se trouvent sur la face antérieure des piliers BC; d'après cet exposé on voit qu'il suffit de conduire la barre v à hauteur de la personne à mesurer et de faire tourner l'équerre y de manière à former un T qui affleure le dessus de la tête, pour que les styles qui passent sur les lames en cuivre divisées en pouces et lignes indiquent la hauteur du corps.

Comme la barre à équerre v est extrêmement mobile, nous allons faire connaître comment nous sommes parvenus à la diriger convenablement dans ses mouvemens d'élévation et d'abaissement.

Sur la face supérieure de la pièce w nous avons placé deux pitons 101 et à leur à-plomb nous avons fixé des chappes en cuivre 102 sur la face inférieure du couronnement; à la partie postérieure de ce même couronnement et à l'axe de l'hybomètre nous avons fixé, près du bord externe, deux autres chappes 103; dans ces quatre chappes sont logées des poulies; cette disposition nous a permis d'attacher l'extrêmité d'une corde à l'un des pitons 101 (celui de gauche), de l'élever à la poulie 102, de la faire passer de devant en arrière sur cette poulie et de là par celle 103, nous avons ensuite introduit sur le milieu de la corde une chappe à crochet 104, garnie aussi d'une poulie, nous avons fait passer alors la corde par les autres chappes 103 et 102 à droite de l'hybomètre, et avons fixé sa deuxième extrêmité au piton 101; ayant ensuite placé un poids 105 sur le crochet de la chappe 104, les cordes se sont ten-

dues et ont dirigé la barre à équerre v; le poids
a été proportionné de manière qu'il suffit de pres-
ser ou hausser légèrement la barre v pour qu'aussitôt elle s'élève ou s'abaisse au point désiré ; la
barre et le poids sont bien équilibrés en sorte
qu'elle se trouve fixée aussitôt qu'on cesse de lui
imprimer un mouvement.

FONCTIONNEMENT DE L'HYBOMÈTRE.

Nous venons de donner la description de l'hybomètre avec l'indication du fonctionnement de chacune de ses parties, nous allons maintenant détailler avec soin la manière dont on en fait usage et faire connaître les résultats qu'on peut en obtenir.

Notre première opération est la mesure de la hauteur. La personne se place dans l'hybomètre en enlevant seulement le coursier antérieur f'; on lui ôte ses souliers; sa tête est nue; sa face est tournée vers la partie antérieure de l'hybomètre et le corps est placé dans la partie moyenne de l'instrument. La personne étant ainsi placée on ouvre l'équerre y et l'on abaisse la barre v jusqu'à ce que l'équerre touche le sommet de la tête, les styles 100 qui glissent sur les lames en cuivre divisées des piliers B et C indiquent la hauteur et l'on en prend note. Cette seule hauteur suffit quand une personne entre en traitement, mais lorsqu'il est commencé, on mesure successivement les hauteurs avec béquilles et sans béquilles : il existe entre les deux résultats une différence plus ou moins grande, qui résulte de la mobilité de la colonne et du temps depuis lequel on est en traitement, nous avons vu par fois des différences de 25 à 30 lignes ; nous réitérons souvent la prise de ces mesures : à nos yeux elles sont pour ainsi dire le thermomètre de la consolidation. Lorsque nous prenons les hauteurs avec béquilles nous en employons à coulisses (voir les fig. 6 et 7, Pl. 12.ᵉ). Ces béquilles sont formées de deux parties, l'une supérieure, l'autre inférieure, assemblées au moyen de deux coulisses en fer ; la partie supérieure porte des divisions en pouces et lignes, en sorte que si les béquilles sont disposées pour la hauteur d'une personne, on peut de suite connaître leur hauteur totale et en conserver la note. Lors de leur emploi la partie inférieure de chaque béquille à coulisses se place dans un repére circulaire en cuivre. Ces repéres sont fixés par des vis aux angles saillans internes des piliers B et C.

Notre seconde opération consiste à déterminer l'inclinaison latérale du tronc : on place la personne dans l'hybomètre de manière que ses deux talons touchent la traverse h : on dispose ensuite les costières i j de manière que leurs faces internes longent les bords externes des pieds ; on fixe alors ces costières par des brochettes. La ligne moyenne de devant en arrière passe ainsi entre les deux pieds. On place le casque qui se trouve soutenu par une corde et fixé au moyen d'un poids. La corde passe par le trou 68 de la barre v', s'appuie sur les deux poulies 69 et 70, passe par le trou 71 et à ses extrêmités se trouvent deux crorhets, l'un qui reçoit l'anneau du casque, l'autre celui du poids. Si le corps n'est pas penché, les deux fils à plomb antérieur et postérieur partant des trous 72, et les deux portions de la corde qui soutiennent le casque et le poids resteront dans la ligne du plan moyen; mais si le corps est penché, nécessairement le casque, son poids et les fils à plomb s'écarteront plus ou moins, soit à droite soit à gauche de ce plan, ou du point de o, formant l'axe de l'hybomètre, on suivra cet écartement de la tête en faisant marcher le croisillon u' qui se trouve réuni à angle droit à la barre v', jusqu'à ce que les cordes du casque et du poids et les deux fils à plomb se trouvent dans la ligne verticale du sommet de la tête, alors le fil à plomb antérieur indique sur les lames en cuivre divisées en pouces et lignes de combien la tête est penchée par rapport à la ligne moyenne.

Nous passons à la troisième opération qui conduit à établir la différence qui existe entre les membres thorachiques par rapport à la ligne de base passant par la plante des pieds. La per-

sonne conserve la même position que celle indiquée pour mesurer l'inclinaison latérale , et l'on
commence l'opération indifféremment à droite ou à
gauche. On fait glisser les lames o, p, jusqu'à ce
que la traverse S se trouve à l'à-plomb de l'extrêmité du doigt du milieu , alors on élève le support q au moyen de la manivelle qui fait tourner la lanterne logée dans le trou 75 de l'un des
supports mobiles ; les cordes attachées à cette
lanterne s'enroulent et comme elles sont fixées
par leur deuxième extrêmité aux pitons 92 ,
nécessairement la manivelle en tournant élèvera
horizontalement le support q, les deux lames o p
logées dans ses mortaises et la traverse S., jusqu'au moment où elle touchera l'extrêmité du
grand doigt. On arrête alors la manivelle au moyen
d'une brochette que l'on introduit dans l'un des
trous pratiqués dans le cercle en cuivre e' qui se
trouve adapté sur la planche circulaire qui bouche l'orifice du trou 75 des supports mobiles , et
les styles aux extrêmités du support q indiquent
les hauteurs sur les lames en cuivre adaptées aux
piliers C E.

On répéte la même opération sur le second côté
de l'hybomètre , les styles y indiquent aussi la
hauteur et l'on peut faire la différence qui existe
entre les deux hauteurs , et par conséquent déter-

miner la hauteur des membres thorachiques par rapport à la plante des pieds.

Nous passons à l'opération principale, qui est la mesure horizontale de la périphérie du corps.

La personne se trouve toujours placée de manière que ses talons touchent la traverse h, comme dans la seconde opération et la tête se trouve suspendue par le casque. On place le coursier antérieur f', on le fixe au moyen des brochettes qui traversent les trous k" k" et ceux qui leur correspondent dans les tasseaux b" b" des supports mobiles ; ensuite, au moyen de la double manivelle du pendentif S, on éléve les supports mobiles et les plateaux conducteurs au point où l'on veut prendre une mesure horizontale ; on maintient le tout ainsi suspendu en introduisant des brochettes dans les trous 22 et 23 pratiqués aux lames en cuivre des piliers B, C, D, E, et les bords inférieurs des styles des supports mobiles reposent sur ces brochettes, tandis que leurs bords supérieurs indiquent la hauteur à laquelle la mesure est prise. On s'occupe ensuite de diriger les lames jusqu'à ce qu'elles touchent le corps et les bras qui sont compris dans la mesure. On passe une soie de chaque côté du tronc, en effleurant la peau, on tend ces deux fils de manière à ce qu'ils soient bien parallèles entr'eux , on les applique sur la sommité des barreaux qui servent à fixer les lames où se trouvent des divisions en pouces et lignes et au moyen de l'espacement de ces deux lignes ou soies on obtient exactement le diamètre transversal du corps ; en suite, on serre les lames de manière à ce qu'elles ne puissent se déranger, on retire les deux brochettes qui fixent le coursier antérieur, on enléve ce coursier, et la personne mesurée sort de l'hybomètre ; une fois sortie, on replace le coursier antérieur et le vide qui existe entre les extrêmités internes des lames est la mesure exacte de la périphérie du corps ; on peut prendre les mesures à différentes hauteurs, il suffit pour cela d'élever ou d'abaisser les supports mobiles au moyen de la double manivelle du pendentif S.

Il ne nous reste qu'à expliquer comment cette mesure se figure sur un papier ou un carton, pour la conserver et pouvoir faire toutes les comparairaisons utiles. On place dans le vide entre les coursiers antérieur et postérieur la planche à dessiner z" que nous avons décrit, après avoir fixé sur sa face supérieure une feuille de papier ou un carton de manière qu'une ligne de la planche corresponde toujours à une ligne semblable tracée sur le papier ; on prend ensuite un crayon taillé convenablement et l'on indique par des points les extrêmités internes des lames ; on obtient ainsi avec une grande exactitude la périphérie de la poitrine et des membres thorachiques.

MESURES

OBTENUES PAR

L'HYBOMÈTRE.

Dès nos premiers essais de redressement des déviations vertébrales, nous éprouvâmes le besoin de nous rendre un compte exact du résultat de nos observations. Nous avions beau fixer avec la plus grande attention une gibbosité et en palper la circonférence, il ne suffisait pas du tact pour en apprécier les formes et la dimension, ni de la mémoire pour s'en rappeler tous les détails. Etrangers à l'art du modeleur, éloignés des artistes en ce genre, nous ne pouvions compter sur cette ressource : d'ailleurs, ce moyen incommode par lui-même eut exigé beaucoup de temps, et la plupart des malades auraient refusé de s'y soumettre à plusieurs reprises. D'un autre côté, la mesure de la circonférence du tronc était insignifiante, puisque dans une gibbosité, la poitrine a gagné dans un sens ce qu'elle a perdu dans l'autre et, qu'à mesure qu'un traitement heureux rétablit les formes normales, il se produit des effets inverses de ceux

6

que la maladie avait amenés, mais que, somme
totale, l'étendue du contour est toujours la même.

Après la guérison d'une fracture aux extrémités,
nous pensions-nous, il est aisé d'établir, par com-
paraison, les rapports de forme du membre frac-
turé avec le membre sain et de répondre positi-
vement, la mesure à la main, aux interpellations
qui sont adressées sur le résultat du traitement.
Au contraire, dans la cure orthopédique d'une dé-
formation vertébrale, il est impossible de se rendre un compte exact des changemens plus ou moins
considérables que l'on est venu à bout d'opérer,
et, avant que le succès devienne assez évident pour
frapper tous les regards, on reste sans moyens de
défense péremptoire contre des allégations dictées
par la mauvaise foi ou l'impatience.

Ayant porté notre attention sur un phénomène
constant des gibbosités, l'inégalité de hauteur des
deux bras, ce qui fait que l'un est toujours plus
rapproché du sol que l'autre, nous crûmes pouvoir apprécier le degré d'inflexion du rachis par
la distance qui sépare la terre, d'avec le medius de
chaque main appliquée sur la partie externe de
la cuisse. Dès nos premières expériences, nous
vîmes que ce moyen était mauvais pour une infi-
nité de raisons qu'il est inutile d'exposer. Nous
y renonçâmes donc et nous finîmes par imaginer

un instrument, auquel nous n'avons fait subir depuis aucune modification. Résultat d'une inspira-
tion soudaine, l'Hybomètre (dérivé *d'ubos*, *bossu*,
et de *metron*, *mesure*) que l'on a décrit précédemment dans ses moindres détails, fut aussitôt exécuté
par des ouvriers de Morley, avec les premiers
matériaux qu'ils purent se procurer et d'une manière grossière à la vérité, mais encore assez bien
pour me faire juger de ses effets.

Il nous tardait d'en faire l'essai. Nous fîmes donc
placer au milieu de l'instrument, une fille de ser-
vice dont la taille nous avait toujours semblé ré-
gulière et bien faite. La hauteur du corps fut
prise, et pour reconnaître s'il était parfaitement
sur son à-plomb, nous fîmes adapter le casque à la
tête, attacher au casque une corde qui remontait
verticalement pour aller gagner la gorge des poulies, puis était tendue par un poids attaché à son
extrémité, ce qui forçait la tête à suivre la ligne
verticale. Les pieds furent rapprochés parallèlement et symétriquement, de manière à faire tom-
ber la ligne médiane juste dans le milieu de celle
qui les séparait.

Tout étant disposé convenablement, on recon-
nut que la corde du casque était un peu oblique ;
on rétablit alors l'à-plomb en reportant un peu
à gauche le moyen de suspension, et des fils d'à-

plomb établirent le degré d'éloignement de la ligne médiane. Ensuite constatant l'état des membres thorachiques, nous trouvâmes une légère différence dans leur position respective. Quant à la mesure de la périphérie du corps, elle nous démontra qu'en arrière, le côté droit du thorax était plus postérieur de quelques lignes que le gauche, qui le débordait antérieurement dans une proportion correspondante.

Pour établir ces faits avec toute l'exactitude possible, nous prîmes le dessin représentant la coupe tranversale du thorax, si nous pouvons nous exprimer ainsi, et sur le point postérieur de l'ellipse, dont ce dessin donné la figure, nous tirâmes une ligne droite transversalement à l'instrument : sur cette ligne, nous élevâmes deux perpendiculaires tangentes aux parties latérales et les plus saillantes de la poitrine, et enfin, sur ces deux perpendiculaires, nous établîmes une quatrième ligne, parallèle à la première, affleurant le point le plus proéminent de la région antérieure du thorax et complétant, avec les trois autres, un parallélogramme rectangle. Afin de connaître les différences qui existaient aux surfaces antérieure et postérieure, nous tirâmes des lignes parallèles à la première et à la dernière, dans la description que nous venons de donner ; enfin, désirant obtenir le point central de notre parallélogramme, nous établîmes des diagonales qui nous le donnèrent, et nous vîmes qu'il était loin de correspondre au plan moyen antéro-postérieur.

Ces résultats nous causèrent la plus vive satisfaction; nous venions de constater, avec une précision mathématique des défauts de conformation bien réels, dont on n'avait jamais soupçonné l'existence. La fille, sujet de l'expérience, avait toujours paru très bien faite, et il ne fallait rien moins qu'une preuve semblable pour persuader le contraire.

Peu de temps après, l'Hybomètre fut appliqué sur une jeune personne très difforme et nous ne fûmes pas moins satisfaits des résultats qu'il nous donna, bien que l'opération n'eut pas été faite aussi complétement que nous l'aurions désiré. Quelques autres pensionnaires s'empressèrent d'imiter leur compagne, et toutes se félicitèrent beaucoup de pouvoir juger des progrès du traitement et de s'assurer que les effets suivaient les promesses par lesquelles on cherchait à soutenir leur courage et leur patience.

Nous citerons deux exemples seulement de l'application de l'Hybomètre et nous en présenterons cinq dessins ou planches: ils suffiront pour donner une idée de la manière d'opérer, des résultats

qu'on ne peut obtenir et des inductions que l'on
est autorisé à en tirer

Le sujet ayant été placé dans l'Hybomètre, planche 1.re , avec les précautions que nous avons indiquées précédemment, nous avons trouvé que la
hauteur de sa taille était de quatre pieds cinq pouces onze lignes.

Le membre thorachique gauche était éloigné du
sol d'un pied huit pouces trois lignes et demie, et
le droit d'un pied sept pouces une ligne : différence, quatorze lignes et demie.

La mesure horizontale était élevée de trois pieds
quatre pouces six lignes.

La périphérie du tronc ainsi que celle de la
partie externe des membres thorachiques, nous a
donné l'ellipse suivante :

La ligne A B représente la ligne transversale de
l'instrument

Tirant au niveau d'E, point le plus saillant de
la gibbosité postérieure, la ligne C D parallèle de
la ligne A B, nous avons élevé sur C D les deux
perpendiculaires C F et D G qui sont tangentes
aux parties latérales du tronc. Au niveau d'H, point
le plus saillant de la gibbosité antérieure, nous
avons mené une ligne F G, parallèle à C D, d'où
est résulté le carré C F G D, puis nous avons tiré
les diagonales C G et D F. Du point E, le plus

saillant en arrière à H, le plus saillant en devant, a été conduite la ligne E H qui correspond au centre des difformités antérieures et passe également par le centre I des deux diagonales.

Sur C D, tangente à l'ellipse au point E, nous avons élevé la perpendiculaire E J et tracé ensuite la parallèle P Q, distantes également de ces deux lignes C F et D G : la ligne L M a été tirée du point Q parallèlement à C D ; R S l'a été entre C L et D M qu'elle sépare également suivant une direction parallèle ; la perpendiculaire H K a été établie ainsi que la ligne N O s'appuyant sur le point X duquel part la perpendiculaire V X qui se trouve parallèle à H K : l'espace intermédiaire entre N O et F G a été partagé en deux portions égales, par T U parallèle aux deux lignes précédentes : enfin du centre I et par la ligne E I rayon, nous avons décrit la circonférence a a a a.

Toutes ces lignes établies de la sorte nous ont permis de faire les remarques suivantes. E H, partie des points extérieurs les plus saillans des gibbosités opposées, formait avec la diagonale D F des angles de vingt degrés : pour que les points E et H vinssent se confondre dans cette diagonale, il fallait qu'E parcourût l'arc E W et H l'arc H Y, mais la gibbosité postérieure parcourant la courbe E Z, pour aller gagner la diagonale partant du point E, et l'antérieure décrivant celle H A', ces deux arcs s'éloignent simultanément en dehors de la circonférence puisque les deux lignes W Z, Y A' sont égales. La diagonale C G coupe l'ellipse aux points B et C' qui sont également éloignés du centre de la circonférence. La ligne C' E' est moitié de celle B' D', mais elle est égale à W Z et Y A'.

La longueur des lignes Z A' est de dix pouces, celle de B' C' de sept pouces quatre lignes : différence, trente-deux lignes. Mais si nous réunissons la longueur des lignes W Z, C' E', Y A', D' B', nous trouvons qu'elles égalent la différence. D'après cela, si nous reportons le point Z à W, C' à E', A' à Y', enfin B' à D', le corps se trouvera rétabli à l'état normal.

Maintenant examinons de quelle manière on doit diriger les pressions, pour rapprocher le point Z du point W, et porter E en avant en lui faisant suivre la ligne E J. On voit que pour remplir cette indication, il faut de toute nécessité faire usage d'une presse brisée dont une partie sera externe et l'autre interne. Le point de la brisure occupera le milieu de la courbe E Z. Les deux pièces exerceront leur action en sens opposé : l'externe comprimera dans la direction de la diagonale D F, tendra à pousser cette portion d'ellipse de derrière en devant et de dehors en dedans et forcera le point C' à se rapprocher du point E : la portion interne tendra à porter la portion de l'ellipse, de derrière en devant et de dehors en dedans et communiquera la pression exercée aux parties latérales du rachis qu'on doit redresser. Ces pressions doivent être inégales ; l'interne plus énergique que l'externe tendra à rapprocher le point B' de D'. Si une force agissait sur la portion de l'ellipse sans éprouver de résistance, nécessairement le corps suivrait la direction de la diagonale D F en parcourant la ligne A'F, mais attendu que le fragment de l'ellipse H A' doit se rapprocher du point Y, il faudra exercer sur cette partie une pression qui tendra à la porter de devant en arrière et de dehors en dedans en suivant la ligne A'Y : or, étant poussée en arrière, elle agira nécessairement sur le point B' qu'elle obligera à se rapprocher du point D'.

Supposons que la portion d'ellipse E Z soit dirigée de derrière en devant, nécessairement le point E suivra la portion du cercle E W ; admettons ensuite que H A' soit porté de devant en arrière, alors H parcourra le segment du cercle H Y, et si les deux points H E viennent se réunir à W Y, la ligne H E et la diagonale D F se trouveront aussi réunies, mouvement qui n'aura pu s'effectuer qu'autant que C' se sera rapproché d'E' et B' de D'. Si toutes les difformités se ressemblaient pour

les dimensions et la forme, à quelques légères différences près, le traitement en serait très facile :
il suffirait de varier les proportions des appareils
pour les mettre en rapport avec les cas auxquels
ils seraient applicables. Mais rien n'est plus varia-
ble que toutes ces déformations, et souvent, quoi-
qu'elles aient paru semblables au premier aper-
çu, un examen attentif a bientôt fait reconnaître
l'erreur et distinguer les différences essentielles.

Nous allons présenter un second dessin obtenu
par le moyen de l'Hybomètre et sur lequel nous
avons fait la même opération que sur l'autre, et
indiqué les lignes par les mêmes lettres. Quelques
autres ligues ponctuées ajouteront à la clarté de
l'explication. Viendra ensuite une troisième dé-
monstration faite sur la même personne, cinq
pouces plus bas ; elle était affectée d'une double
incurvation.

Nous avons déjà vu dans le premier exemple, que
les points Z A' sont également éloignés de la circonférence a a a a. Cette égalité de rapports se
retrouve dans le second, Pl. 2.ᵉ, mais B', au lieu
d'être dans l'intérieur de la circonférence, se trouve en dehors. Si nous prolongeons la ligne H K
jusqu'en Q, et V X jusq'en J, nous trouvons que
H G' a bien plus d'étendue que X E : la différence
est de dix lignes, ce qui nous fait voir que le côté

gauche est plus large que le droit de devant en
arrière, tandis que dans le premier dessin c'est
l'inverse et dans une proportion plus forte, puis-
qu'il y a quatorze lignes de différence au profit
du côté droit.

Nous avons bien égalité entre les lignes W Z et
Y A', mais C' E' ne leur est pas égal, la ligne B' D'
se trouvant en dehors de la circonférence. On conçoit donc que les appareils employés dans le premier
cas, Pl. Ire, ne pourront convenir dans le second,
Pl. IIe : comme A' et B' sont en dehors de la circonférence, il faut que la pression destinée à agir
sur la portion de l'ellipse H G', soit brisée dans la
partie moyenne ; que la partie antérieure de la
presse puisse comprimer de dehors en dedans et
de devant en arrière, et la postérieure de dehors en
dedans et d'arrière en avant. Par ces diverses pressions ainsi combinées, le Point H se dirigera sur
Y, l'arc de l'ellipse H A' se rapprochera de la circonférence en allant de devant en arrière vers le
poins B' et ce dernier tendra vers D', rapprochant
G' de Q.

Pour le côté droit, la pression devra être également brisée : la première partie devra agir sur
le point E de manière à lui faire suivre la direction de la ligne E J et tendre à rapprocher l'arc
E Z du point W de la circonférence a a a a. L'arc

E Z devra être entraîné dans la direction de C'
pour être reporté en E'. Telles sont les fonctions
des parties antérieures de la presse.

Il est facile de voir après cela que l'action des
presses droite et gauche part du point H, passe
par A' B' E, et tend à se porter vers C', pour
gagner enfin E', où elle doit arriver nécessairement. Outre le mouvement circulaire qui devra
être employé, il faudra encore des mouvemens
combinés tendant à rapprocher H et A' d'Y, B' de
D', E de F', Z de W. Or cette combinaison de
mouvemens liés entr'eux et dépendans les uns des
autres, ne peut résulter que d'une seule puissance
dont le fonctionnement s'exécutera avec un ensemble parfait.

Dans le troisième dessin, pris sur la même personne, cinq pouces plus bas, nous avons suivi le
même ordre pour le tracé linéaire en changeant
seulement la ligne E H en P V, points opposés de
l'ellipse. Il est facile d'observer au premier examen
que la partie gauche a plus d'étendue que la droite,
puisque K P a sept lignes de plus que J V. Nous
voyons que le corps se porte plus en arrière à gauche et plus en avant à droite, disposition inverse
de celle que nous avons observé dans le deuxième
dessin pris à un point plus élevé. Nous en avons
la preuve établie par P et V qui ont changé de

place, par C' qui est sorti de la circonférence où il se trouvait enfermé, et par J qui auparavant éloigné de l'ellipse, de la distance d'EJ, s'y trouve placé. Ne doit on pas conclure des résultats différens consignés dans les deux dessins décrits ci-dessus que, dans l'intervalle des deux mesures, le corps avait éprouvé un mouvement de rotation dans un sens inverse, c'est-à-dire, que sa partie supérieure gauche s'était portée en avant et l'inférieure du même côté en arrière.

Nous demanderons maintenant si la simple inspection d'une difformité eût pu développer, dans notre esprit, les idées que l'Hybomètre y a fait naître et quel autre moyen nous eût éclairé sur les indications nombreuses à remplir, pour arriver à un résultat satisfaisant et sur la construction des machines propres à ces mêmes indications. Appliquées et dirigées d'après ces principes, les pressions ne peuvent que tendre à rétablir l'état normal et on verra plus tard que, dans la confection des appareils pour rester levé ou couché, nous ne nous sommes jamais écarté de cette base fondamentale du traitement, que l'incurvation se soit présentée simple ou multiple, compliquée ou non de torsion du rachis.

On sera peut-être surpris qu'après avoir annoncé l'Hybomètre comme un instrument infaillible, pour

connaître le résultat du traitement des déviations rachidiennes, nous n'ayons pas soumis à cette
mesure toutes les gibbosités, dont nous donnons
les observations, ce qui les eût rendues aussi com-
plètes qu'on pouvait le désirer, au même l'exiger,
le moyen de le faire étant à notre disposition. La
réponse toute naturelle à cette objection, sera
pour nous l'occasion de raconter une des plus vi-
ves contrariétés que nous ayons éprouvées, dans
l'origine de notre établissement.

Nous avons déjà dit, dans l'avant propos de
notre ouvrage intitulé: *de l'emploi des moyens
mécaniques et gymnastiques dans le traitement des
difformités du système osseux*, à quelles persécu-
tions nous avions été exposé, dans les premières
années de l'établissement de Morley. Toutes nos
actions étaient épiées, contrôlées, rapportées
avec les intentions les plus malveillantes et souvent dénaturées par la calomnie. Par exemple, on
répandit dans le public que, sous un prétexte de
simple curiosité, des femmes, d'ailleurs bien por-
tantes, étaient dépouillées de leurs vêtemens et
mesurées dans toutes leurs proportions, sans égards
pour les lois de la pudeur.

Cette nouvelle fit rumeur parmi la gent bigotte,
toujours prête à saisir ou même à créer des occa-
sions de faire preuve d'un zèle ardent. On cria au

scandale, à l'indécence; on provoqua l'intervention de l'autorité dont nous avons fait connaître la démarche à cette occasion. Ces manœuvres franchirent même l'enceinte de la maison de Morley. On fit naître dans l'esprit de nos jeunes malades des idées que leur simplicité, leur état de souffrance et le désir de guérir auraient toujours éloignées d'elles ; on leur représenta l'Hybomètre comme une invention immorale, que la pudeur devait réprouver.

Aidés de quelques mères douées d'un esprit sage et éclairé, nous essayâmes de faire face à l'orage, mais le coup était porté et nos efforts furent inutiles. Nous avons déjà parlé de ces petites conspirations tramées dans le sein des établissemens orthopédiques et de la persévérance insurmontable des conjurés. Les jeunes personnes prêtes à sortir refusèrent de se laisser hybométrer, disant qu'elles étaient guéries et que cela devait suffire; celles qui entraient s'en défendirent également, alléguant pour raison qu'on guérissait bien sans cela. Nous sentimes le danger de heurter des volontés si prononcées et de contrarier des répugnances bien louables d'ailleurs dans leur principe. Nous pouvions détruire la réputation de notre établissement, en fournissant des armes à ceux qui le représentaient comme un lieu dangereux pour les mœurs : nous

avions, en outre, tout à redouter de l'autorité sou-
mise à l'influence toute puissante alors de la cote-
rie d'où étaient partis les premiers coups ; nous
cédâmes, et le pauvre Hybomètre fut relégué
dans un coin.

Maintenant que les temps sont changés et les
esprits affranchis, et qu'à l'influence capricieuse
et despotique de certaine classe a succédé celle des
lois et du bon sens, nous revenons à notre mesure des gibbosités, et nous en faisons l'application
à tous les cas qui sont traités à Morley.

www.ingramcontent.com/pod-product-compliance
Ingram Content Group UK Ltd.
Pitfield, Milton Keynes, MK11 3LW, UK
UKHW020930120726
13693UKWH00003B/1227